BEI GRIN MACHT SICH IHR WISSEN BEZAHLT

- Wir veröffentlichen Ihre Hausarbeit, Bachelor- und Masterarbeit

- Ihr eigenes eBook und Buch - weltweit in allen wichtigen Shops

- Verdienen Sie an jedem Verkauf

Jetzt bei www.GRIN.com hochladen und kostenlos publizieren

Wie versorgt man einen Shack zuverlässig mit Sonnenenergie?

Franz Peter Zantis

Bibliografische Information der Deutschen Nationalbibliothek:

Die Deutsche Nationalbibliothek verzeichnet diese Publikation in der Deutschen Nationalbibliografie; detaillierte bibliografische Daten sind im Internet über http://dnb.d-nb.de abrufbar.

ISBN: 9783346680143
Dieses Buch ist auch als E-Book erhältlich.

Das Buch bei GRIN: https://www.grin.com/document/1242966

Shack, Solarbetrieben

Franz Peter Zantis

Inhaltsverzeichnis

Einleitung

Mein Shack wird seit März 2021 mit Solarenergie betrieben. Die Nenn-Betriebsspannung ist *24 V₋*.
Die Beleuchtung besteht aus zwei in Reihe geschalteten Halogenlampen mit jeweils *12 V / 35 W*. Mit
Hilfe von DC/DC-Wandler kann ich mein YAESU-Funkgerät betreiben und auch mein Notebook.
Nebenher wird noch das WLAN versorgt.
Damit eine solche Versorgung an 365 Tagen im Jahr funktioniert wird ein gut aufgestelltes Solarmodul
benötigt und auch ein Laderegler und ein Puffer - also ein Akkumulator.
In diesem Aufsatz möchte ich meine Erfahrungen, die ich bei zwei Projekten Solartechnik sammeln
konnte, weitergeben.

Solarmodul und Energie

Das Solarmodul muss die gesamte benötigte Energie liefern. Um abzuschätzen, welche Größe es
haben muss, kann man die Daten aus [2] heranziehen. Es geht auf jeden Fall um die ganzjährige
Sicherstellung der Energie. Es sollte deshalb vom Winterhalbjahr (Oktober bis März) ausgegangen
werden. Im Sommerhalbjahr ist die auftreffende Sonnenenergie wesentlich größer als im
Winterhalbjahr. Reicht die im Winterhalbjahr geerntete Energie aus, so wird sie auch im
Sommerhalbjahr ausreichen. Für das Winterhalbjahr ist nach [2] die in Nordrhein-Westfalen
eintreffende Sonnenenergie mit $E_W = 163\ kWh/m^2$ anzunehmen.

Beispielhaft wird zunächst das Solarmodul aus dem Bild 1 betrachtet. Meistens ist es doch so, dass das
Solarmodul vorgegeben ist - alleine schon aus Platzgründen. Die wenigsten OM's haben beliebig viel
Stell- bzw. Montagefläche für Solarmodule. Also geht es fast immer darum, abzuschätzen, was mit den
vorhandenen Möglichkeiten realisiert werden kann. Das Solarmodul aus Bild 1 steht auf einem
Flachdach und hat eine Fläche von $A_S = 0{,}734\ m^2$. Der Wirkungsgrad ist auf dem Typenschild mit
$\eta = 17{,}1\ \%$ angegeben. Somit kann das Solarmodul von dem Energieangebot der Sonne bei optimaler
Ausrichtung

$$E_R = E_W \cdot A_S \cdot \eta$$

$$= 163\,\frac{kWh}{m^2} \cdot 0{,}734\,m^2\, 0{,}171$$

$$\approx 20\ kWh$$

ernten. Diese Energiemenge gilt für die Monate Oktober bis März. Dieser Zeitraum sind umgerechnet
4320 Stunden. Im Mittel ist also eine eingehende Leistung von permanent

$$P_p = \frac{E_R}{t} = \frac{20000\ Wh}{4320\ W}$$

$$P_p \approx 4{,}63\ W$$

annehmbar. Somit pro Tag eine Energiemenge von

$$E_T = P_p \cdot 24\,h \approx 111\ Wh$$

Für die erste Abschätzung kann nun angenommen werden, dass mit dieser Energie der Puffer
(Akkumulator) permanent geladen wird. Die Kapazität von Akkumulatoren wird in Amperestunden

angegeben. Lässt man die Verluste zunächst unberücksichtigt, dann kann also bei der Verwendung von 24-V-Akkus, im Mittel pro Tag eine Kapazität von

$$C = \frac{E_T}{U} = \frac{111\,Wh}{24\,V} \approx 4,625\,Ah$$

$$C \approx 4,625\,Ah$$

nachgeladen werden. Dabei ist schon berücksichtigt, dass es mal Tage mit Sonnenschein gibt und auch mal Wolken verhangene oder gar nebelige.

Die Aufstellung wie im Bild 1, auf einem Flachdach ist bequem für die Montage und Wartung. Allerdings benötigt man ein Gestell, denn das Modul sollte im Winkel von 77° von der Horizontalen aus nach Süden ausgerichtet werden. Dieser Winkel ist für das Winterhalbjahr optimal. Wie gesagt: wenn der Betrieb im Winterhalbjahr funktioniert, dann funktioniert er ganz sicher auch im Sommerhalbjahr. Die Schrägstellung hat nebenher den Effekt der Selbstreinigung durch Regen und Wind.

Die meisten Solarmodule sind mit Dioden ausgestattet. Dadurch ist es ohne Probleme möglich mehrere Module parallel zu schalten, wenn höhere Leistungen benötigt werden. Zu beachten ist in jedem Fall der Leitungsquerschnitt. Die Module liefern Gleichspannung. Beim Modul aus Bild 1 sind dies bis zu *36 V*. Die Nennspannung ist mit *24 V*, die maximal abgebbare Leistung ist im Datenblatt mit *100 W* angegeben. Pro Modul wird also im allerbesten Fall ein elektrischer Strom von *4,2 A* entstehen.

Bild 1: Solarmodul 24V / 100W von Phaesun, mit Autor im Bau (links). Fertige Konstruktion mit unterlegter Bauschutzmatte von der Rückseite (rechts).

Warum habe ich mich für ein 24-V-System entschieden?

a) Da ist zum einen der Buffer/Akkumulator, der in jedem Fall notwendig ist und der aus möglichst wenigen in Reihe geschalteten Zellen auskommen soll. Die Reihenschaltung von Akkumulatorzellen ist immer kritisch [5].

b) Dann sollen aber auch die Ströme nicht zu groß werden, denn hohe Ströme erfordern große Kabelquerschnitte und noch schlimmer: unhandliche Klemmen und Übergänge. Bei gegebener

Leistung ist der Strom umso kleiner, desto größer die Betriebsspannung ist. Die Forderung nach höherer Spannung und kleinerem Strom widerspricht a) - ein Kompromiss ist erforderlich!

c) Weiterhin wollte ich kompatibel sein mit marktüblichen Systemen um auf fertige Geräte und Module zurückgreifen zu können.

Ein 24-V-System stellt für mich ein guter Kompromiss dar. Es gibt viele kaufbare, fertige Komponenten z.B. für Busse oder LKWs, wie zum Beispiel Spannungswandler, Ladegeräte, Leuchten, etc. Die Anzahl der in Reihe geschalteten Zellen ist noch akzeptabel und bei gleicher Leistung sind die Ströme nur halb so groß wie bei einem 12-V-System.

Bei der Auswahl der Kabel darf man keine Kompromisse eingehen. In Frage kommen Einzeladern mit Witterungs- und vor allem UV-beständiger Isolation. Es gibt hochflexible Varianten, die sich auch bei großem Querschnitt noch sehr einfach verlegen lassen. Ich selbst habe Kabel vom Kabelwerk Eupen (Belgien) verwendet. Welcher Kabelquerschnitt verwendet wird, hängt vor allem von der Länge des Kabels ab. Ziel ist möglichst wenig Spannungsabfall und damit möglichst wenig Verlust von der kostbaren Sonnenenergie. Kabel mit einem Querschnitt von *4 mm²* ist sehr bequem zu verlegen. Der ohmsche Widerstand pro Meter ist etwa

$$R_l = \frac{l}{\varkappa \cdot A} = \frac{1\,m}{56\,\frac{m}{\Omega \cdot mm^2} \cdot 4\,mm^2}$$

$$R_l \approx 0{,}0045\,\Omega$$

spezifische Leitfähigkeit von Kuper: $\varkappa = 56 \cdot Sm/mm^2$

Für Hin- und Rückleiter also *9 mΩ*. Bei einem Kabel mit einem Querschnitt von *4 mm²* und einem Strom von maximal *4,2 A* ergibt sich also pro Meter Hin- und Rückleitung ein Spannungsabfall ΔU von

$$\Delta U = 2 \cdot R_l \cdot I = 0{,}009\,\Omega \cdot 4{,}2\,A$$

$$\Delta U \approx 38\,mV$$

Die Anbindung an das Solarmodul erfolgt mit wasserdichten Steckern vom Typ MC4 (Bild 2). Dieser Typ wurde speziell für die Verwendung im Zusammenhang mit Photovoltaik entwickelt.

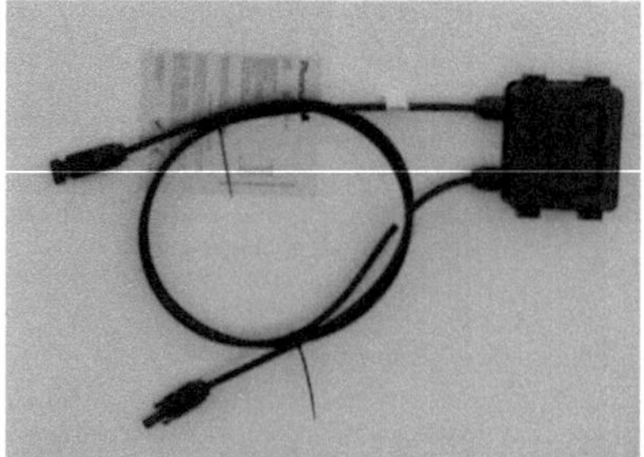

Bild 2: Anschlusskasten auf der Rückseite des Solarmoduls mit vorkonfektionierten Leitungen und Steckern vom Typ MC4.

Aufstellen

Wie bereits erwähnt, wird das Solarmodul am besten in einem Winkel von *77°* gegen Süden
ausgerichtet. Zunächst stellte sich die Frage, wie das Solarmodul auf dem Flachdach befestigt werden
kann. Möglich wäre die Befestigung mit Schrauben. Dabei müsste man aber die Dachabdichtung
(Dachpappe/Bitumen) durchbohren und nachher wieder abdichten. Eine derartige Abdichtung, die
zudem über lange Zeit halten muss, ist schwierig herzustellen.
Die bessere Idee ist die Montage z.B. mit Hilfe von Winkelprofilen aus verzinktem Stahl, die mit
Zementsteinplatten (Gehwegplatten) beschwert werden. Damit entfällt das Durchbohren des
Flachdachs. Im Bild 1 wurden 8 Winkelprofile mit einer Länge von jeweils *1 m* verwendet. Die
Winkelprofile gibt es in manchen Baumärkten. Der eine oder andere OM erinnert sich sicher an die
TRIX-Baukästen der 60er Jahre. Dort gab es ähnliche Winkelprofile - allerdings im Miniaturformat.

Den geforderten Winkel kann man durch Bestimmung der Seitenlängen des entstehenden
rechtwinkligen Dreiecks einhalten. Im Bild 3 ist dies skizziert: das Solarmodul liegt auf der
Hypotenuse auf. Die Ankathete AK ist gesucht und lässt sich mit Hilfe des Cosinus ausrechnen. Dann
ist noch die Gegenkathete GK gesucht, die man über den Sinus berechnen kann. Bei Verwendung von
1-m-langen Winkelprofilen ergibt sich dann für AK (Horizontale) eine Länge von *22,5 cm* und für GK
(die Höhe) eine Länge von *97,5 cm*. Das hochstehende Profil ragt also *2,5 cm* über. Das ist im Bild 1
gut zu erkennen. α

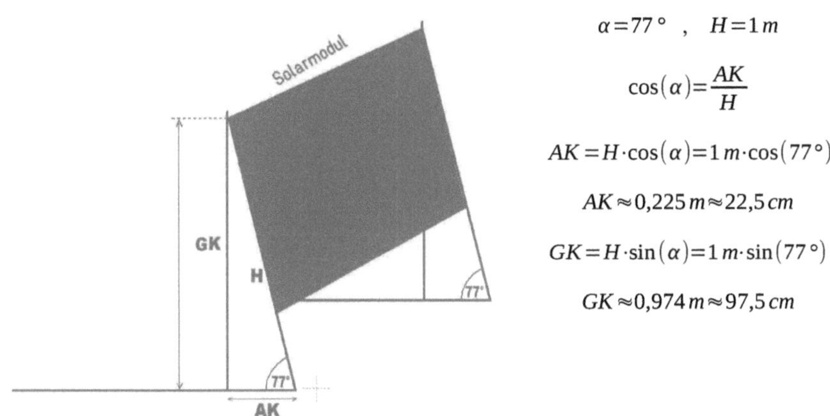

$$\alpha = 77° \quad , \quad H = 1\,m$$

$$\cos(\alpha) = \frac{AK}{H}$$

$$AK = H \cdot \cos(\alpha) = 1\,m \cdot \cos(77°)$$

$$AK \approx 0{,}225\,m \approx 22{,}5\,cm$$

$$GK = H \cdot \sin(\alpha) = 1\,m \cdot \sin(77°)$$

$$GK \approx 0{,}974\,m \approx 97{,}5\,cm$$

Bild 3: Erreichen eines Winkels von 77° durch Festlegung der Seitenlängen.

Zum Schutz der Dachhaut empfiehlt sich das Unterlegen einer Bauschutzmatte. Im Bild 1 links fehlt
diese noch im Bild 1 rechts ist diese deutlich zu erkennen. Ohne Bauschutzmatte besteht die Gefahr,
dass die Bitumen-Abdichtung des Daches durch das relativ scharfkantige Winkelprofil beschädigt und
damit undicht wird.

Zum Aufbau der Gewichtskraft wurden sechs quadratische Zementsteinplatten (Gehwegplatten) mit
einer Kantenlänge von *40 cm* sowie einer Dicke von *5 cm* verwendet. Für diese Zementsteinplatten ist
ein Gewicht von *18 kg* pro Platte anzunehmen [1]. Dies wurde durch eine Messung bestätigt. Oft
findet man herumliegende, nicht mehr benötigte Zementsteinplatten in der Nachbarschaft. Die
Nachbarn freuen sich meistens, wenn jemand die Platten abholt und etwas sinnvolles damit macht.
Auch bei Funkkollegen aus der Ortsgruppe wird man unter Umständen fündig. Zum Auffinden der
Platten empfehle ich deshalb die Verwendung des Funkgerätes oder *"nebenan.de"*.

Windfest

Damit die volle Gewichtskraft wirken kann, müssen die Platten von mindestens drei Seiten auf der Konstruktion (also in den Winkelprofilen) aufliegen. Im Bild 1 rechts sieht man, dass zusätzlich noch drei kleinere Platten zwischen den sechs großen Platten platziert wurden. Diese wurden nachträglich ergänzt und bleiben bei der folgenden Rechnung unberücksichtigt. Es geht nun darum, nachzuweisen, dass die Konstruktion auch starken Stürmen standhalten kann.

Die zugrunde liegende Gewichtskraft ist nach Bild 4 mittig anzusetzen. Sie beträgt dann mit Hilfe von [1] und [2]:

$$F_G = n \cdot m \cdot g$$

F_G: Gewichtskraft
n: Anzal der Gewegplatten
m: Masse einer Gehwegplatten
g: Erdbeschleunigung (Konstante)

$$F_G = 6 \cdot 18\,kg \cdot 9{,}81 \cdot \frac{kg \cdot m}{s^2} \approx 1060\,N$$

Wind aus Norden

Bild 5 zeigt die Zusammenhänge aus Bild 4 als Berechnungsgrundlage. Zum Kippen der Konstruktion um den Drehpunkt D_N wäre ein Wind aus dem Norden notwendig. Die Drehrichtung für das vom Nordwind erzeugte Drehmoment ist rechts. Das Kippmoment ist erreicht wenn gilt

$$F_W \cdot l_{F_W} = F_G \cdot 0{,}5\,m$$

l_{FW} ist der Hauptangriffspunkt des Windes. Man muss ihn in der Mitte des Solarmoduls annehmen. Das Solarmodul hat eine Höhe von *734 mm* und ist am oberen Rand des Gestells montiert. Vom Drehpunkt D_N bis zum unteren Rand des Solarmoduls - gemessen entlang des Stahlprofils - ist die Distanz deshalb

1000 mm - 734 mm = 266 mm

Bis zur Mitte des Solarmoduls kommt dann noch die Hälfte der Höhe des Solarmoduls hinzu. Dies wäre dann die Hypotenuse *H*. Somit

H = 266 mm + 734 mm / 2 = 633 mm

Um die Höhe bis zur Mitte des Solarmoduls zu erhalten gilt dann

l_{FW} = H · sin(77°)

= 633 mm · sin(77°) ≈ 632,7 mm also immer noch rund *633 mm*.

$$F_W = \frac{F_G \cdot 0,5\,m}{l_{F_w}} = \frac{1060\,N \cdot 0,5\,m}{0,633\,m}$$

$$F_W \approx 837\,N$$

F_W ist die Kraft, die der Nordwind aufbringen muss um das Kippmoment zu erreichen.

Tatsächlich reicht diese Kraft noch nicht aus um die Konstruktion zu kippen, da der linksdrehende Anteil der Gewichtskraft des Solarmodul selbst nicht berücksichtigt wurde. Wollte man diesen Anteil berücksichtigen, hilft die Skizze aus Bild 6. Dieser Drehmomentanteil ergibt sich aus $F_D \cdot l$. Im Datenblatt des Solarmoduls findet man auch dessen Gewicht: *8,1 kg*. Entsprechend kann man schreiben

$$F_D = \cos(\alpha) \cdot F_G$$

$$F_D = \cos(77°) \cdot 8,1\,kg \cdot 9,81\,\frac{m}{s^2}$$

$$F_D \approx 17,87\,N$$

$$M_D = 17,87\,N \cdot 0,633\,m \approx 11,3\,Nm$$

Da dieser Anteil am Gesamtdrehmoment doch vergleichsweise klein ist, bleibt er in der folgenden Rechnung unberücksichtigt.

Für Winde aus Richtung Norden oder Süden gilt für das Solarmodul eine Windangriffsfläche A_W von

$$A_W = l_p \cdot b_p \cdot \sin(77°) = 1\,m \cdot 0,734\,m \cdot \sin(77°)$$

$$A_W \approx 0,715\,m^2$$

Somit wäre die vom Wind aufzubringende Kraft pro Flächeneinheit (Windlast) W_D

$$W_D = \frac{F_W}{A_W} = \frac{837\,N}{0,715\,m^2} \approx 1171\,\frac{N}{m^2}$$

Bild 4: Trägerkonstruktion im Bau, mit angebrachtem Solarmodul. Die Länge jedes Winkelprofils ist 1 m. Die Solarfläche ist in Richtung Süden ausgerichtet.

Windstärke in Beaufort	Windgeschwindigkeit		Winddruck in N/m²
	m/s	km/h	
0	0.2	0.7	0.03
bis 1	1.5	5.4	1.4
bis 2	3.3	11.9	6.6
bis 3	5.4	19.4	17.6
bis 4	7.9	28.4	37.6
bis 5	10.7	38.5	68.9
bis 6	13.8	49.7	114.6
bis 7	17.1	61.6	176
bis 8	20.7	74.5	256
bis 9	24.7	88.9	367

Tabelle 1: Windstärke und Winddruck. Quelle: [4].

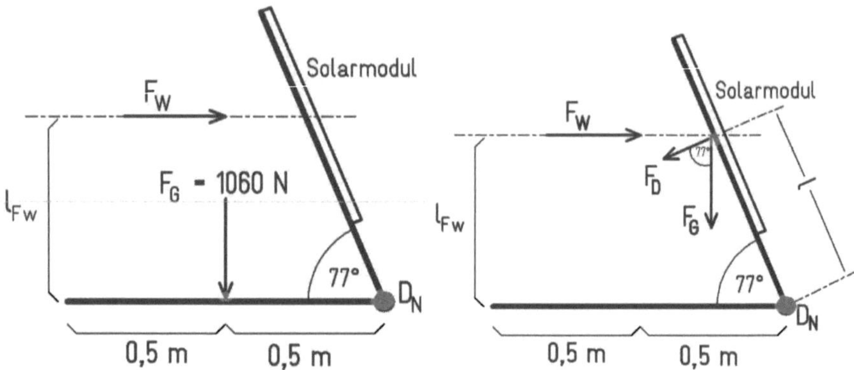

Bild 5: Vereinfachtes Schema zur Bestimmung der Windkraft Fw, die notwendig ist um die Konstruktion zu kippen.

Bild 6: Beitrag zum linksdrehenden Drehmoment, ausgehend vom Solarmodul selbst (siehe Text).

Aus [4] wurde die Tabelle 1 entnommen. Die Tabelle zeigt Werte bis Windstärke *9 Beaufort* (*"Bofor"*). Der dort aufgelistete Zusammenhang lässt sich aber darstellen als Polynom dritten Grades. Auf diese Weise erhält man auch Werte für die Windlast bei Windstärken *B* in *Beaufort* größer als *9*.

$$W_D = f(B) = 0{,}487 \cdot B^3 - 0{,}0797 \cdot B^2 + 1{,}962 \cdot B - 0{,}4693$$

In der Tabelle aus Bild 7 stammen die Zahlen der mittleren Spalte aus [4]. Die Zahlen der rechten Spalte sind das Ergebnis der Regression.

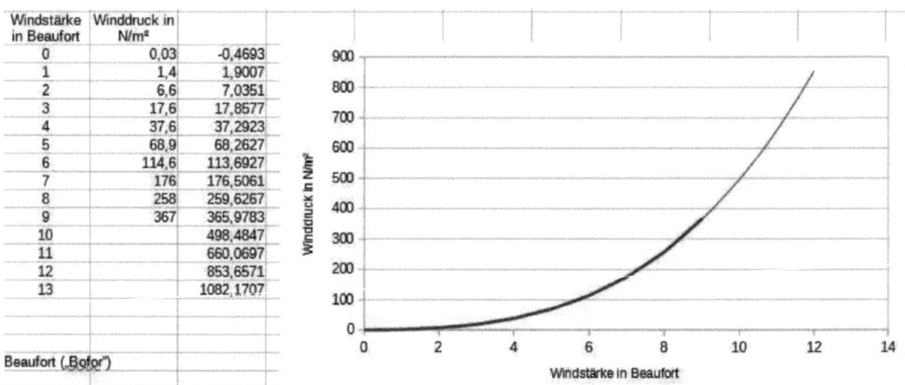

Windstärke in Beaufort	Winddruck in N/m²	
0	0,03	-0,4693
1	1,4	1,9007
2	6,6	7,0351
3	17,6	17,8577
4	37,6	37,2923
5	68,9	68,2627
6	114,6	113,6927
7	176	176,5061
8	258	259,6267
9	367	365,9783
10		498,4847
11		660,0697
12		853,6571
13		1082,1707

Bild 7: Zusammenhang zwischen Windstärke in Beaufort und Winddruck in N/m².

Das Kippmoment ist also erreicht bei Überschreiten der Windstärke *13 Beaufort*. Dann nämlich ist der Winddruck mit *1082,1707 N/m²* in der Größenordnung der gegenhaltenden Gewichtskraft (*1171 N/m²*). **Bei Sturmwarnungen wird im Wetterbericht gerne die Windgeschwindigkeit genannt.** Für die Windlast W_D in *N/m²* gilt allgemein:

$$W_D = c_p \cdot \frac{p}{2} v^2 \quad \text{in} \quad N/m^2$$

Dichte der Luft
1,293 kg/m³ bei 0°C

Windgeschwindigkeit
in m/s

Druckbeiwert
hier = 1

Die zugehörige Windgeschwindigkeit ergibt sich dann ausgehend von **13 Beaufort** (Tabelle 1) und einer Lufttemperatur von *0 °C* zu

$$v = \sqrt{\frac{2 \cdot W_D}{c_p \cdot p}} = \sqrt{\frac{2 \cdot 1171 \frac{N}{m^2}}{1 \cdot 1,293 \frac{kg}{m^3}}}$$

$$v \approx \sqrt{\frac{2342 \, N \, m^3}{1,293 \, kg \, m^2}} = \sqrt{1811,3 \frac{Nm}{kg}}$$

$$v = \sqrt{\frac{1811,3 \frac{kg \, m}{s^2} \cdot m}{kg}} \approx 42,6 \frac{m}{s} = 153 \, km/h$$

Bei einem aus Norden kommender Wind mit dieser Geschwindigkeit droht der Aufbau zu kippen. Bei Temperaturen über *0 °C* muss die Windgeschwindigkeit größer sein um das Kippmoment zu erreichen, da dann der Abstand der Luftmoleküle zueinander größer ist und entsprechend die Dichte der Luft kleiner.

Nun muss man sagen, dass es immer einen Wind geben kann, der so stark ist, dass er das Gerüst umherschleudern kann. Dann allerdings werden noch viele andere Teile betroffen sein. In Tabellen zur Windstärke findet man ab Windstärke 10 Hinweise auf schwere Verwüstungen. Bäume werden entwurzelt, Baumstämme brechen, Gartenmöbel wehen weg, an Häusern entstehen große Schäden wie abgedeckte Dächer etc. Die Skala ist nichtlinear. Mit der Standsicherheit bis Windstärke 13 ist also sehr gut vorgesorgt. Dazu war ein aristokratisches Regelwerk nicht notwendig – es reicht der gesunde Menschenverstand sowie naturwissenschaftliche und technische Überlegungen.

Wind aus Süden

Vor allem die Bilder 1 und 4 zeigen, dass für Wind aus Süden fast gleiche Bedingungen gelten. Tatsächlich muss der Wind aus Süden aber ein höheres Drehmoment aufbringen als ein Wind aus Norden. Das liegt an der Neigung des Solarmoduls. Ein Teil der Windlast erhöht die bereits durch die Betonplatten erzeugte Gewichtskraft. Ein Wind aus dem Süden kann also das Konstrukt nicht kippen. Es würde das Solarmodul selbst zerbersten oder die Winkelprofile würden sich verbiegen.

Wind aus Osten oder Westen

Die Bilder 1 und 4 zeigen ebenfalls, dass Winde aus Osten oder Westen eine deutlich geringere Angriffsfläche vorfinden. Damit die Konstruktion kippt muss die Windstärke eines Windes, der aus Osten oder Westen kommt, also noch signifikant stärker sein als 13 Beaufourt.

Buffer

Für die Überbrückung von sonnenarmen Tagen und der Nächte sowieso muss die ankommende
Energie zwischengespeichert werden. Typischerweise wird dazu ein Akkumulator verwendet. Nur bei
sehr kleinen Leistungen [2] kann es ein Kondensator sein. Bei der Auswahl des Akkumulators ist die
Selbstentladung zu beachten. Wird ein viel zu großer Akkumulator gewählt, dann wird der
ankommende Ladestrom im schlimmsten Fall die Selbstentladeschwelle nicht überschreiten und ein
Laden ist nicht möglich. Solarmodul, Verbrauch und Akkumulator müssen also zusammen passen.
Für die Bufferung der Energie im beschriebenen Fall habe ich 8 Bleiakkumulatoren aus
vietnamesicher Fertigung benutzt (Bild 8). Diese Akkumulatoren waren vorher in einer USV-Anlage
tätig und mussten lediglich aus VdS-Reglementarien (VdS = Verein deutscher Sachversicherer)
ausgetauscht werden - ohne Nachweis der Sinnhaftigkeit.

Bleiakkumulatoren gibt es seit mehr als 100 Jahren. Der Vorteil gegenüber Lithium-Ionen-
Akkumulator ist die gefahrlose Anwendung. Die Technik ist bekannt und ausgereift und ungefährlich.
Wenn also ausreichend Platz zur Verfügung steht und auch das Gewicht nicht stört, kann z.B. ein Blei-
Gel-Akkumulatoren nach wie vor eine gute Wahl sein. Die eingesetzten 8 Bleiakkumulatoren haben
jeweils eine Kapazität von *5 Ah*. Ich habe jeweils zwei seriell zu einem 24-V-Akku
zusammengeschaltet. Die so entstandenen vier Akkus mit *24V/5 Ah* habe ich dann parallel geschaltet.
So entstand ein Akkumulator mit *24 V/20 Ah* bzw. *480 Wh*.
Die Selbstentladung von Bleiakkumulatoren bei *20 °C* Umgebungstemperatur ist bei Wikipedia mit bis
zu *6 %* pro Monat angegeben. Ausgehend von der Nennkapazität *20 Ah* wären das dann *1,2 Ah*. Geht
man von 30 Tagen pro Monat aus, dann sind das *30 Tage · 24 h = 720 h*. Man kann also von einem
gedachten, permanenten Selbstentladestrom in Höhe von

$$I = \frac{1,2\,Ah}{720\,h} \approx 1,7\,mA$$

ausgehen. Der tatsächliche Selbstentladestrom wird sicher kleiner sein, da Blei-Gel-Akkumulatoren
verwendet werden. Diese Typen haben unter den Blei-Akkumulatoren die niedrigsten
Selbstentladeströme. Für AGM-Typen ist auf IT-Wissen.de eine Selbstentladung von maximal *3 %*
angegeben.

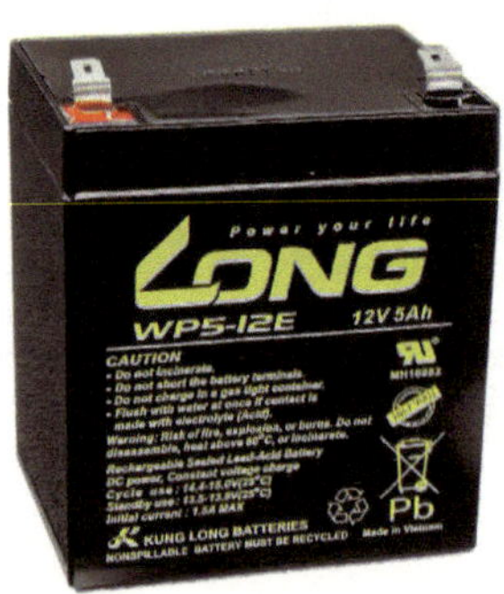

Bild 8: Der verwendete Akkumulator (insgesamt 8
Stück, siehe Text). Hersteller ist die Firma LONG aus
Vietnam.

Bild 9: Montage der Akkumulatoren auf einem Regalbrett. Darunter
ist der Laderegler zu erkennen.

Bei einem so zusammengesetztes Akku-Paket macht es Sinn in den ersten Wochen nach der Inbetriebnahme die Spannung an den Akkumulatoren zu messen. Sind die Werte innerhalb eines in Reihe geschalteten Paares stark unterschiedlich, ist ein Tauschen ratsam. Es sollten immer die Akkumulatoren ein in Reihe geschaltetes Paar bilden, die die gleiche Spannung aufweisen.

Ich hatte schon dargelegt, dass pro Tag im Mittel *4,6 Ah* zum Laden zur Verfügung stehen. Dabei sind Verluste nicht berücksichtigt. Setzt man also davon aus Sicherheitsgründen nur die Hälfte an, dann entspricht dies einem gedachten, permanenter Stromfluss von

$$I = \frac{2,3\,Ah}{24\,h} \approx 96\,mA$$

Dieser ist somit viel größer als der Selbstentladestrom. Es ist also sichergestellt, dass der Akkumulator für das Solarmodul nicht zu groß ist. Aus den gemachten Überlegungen kann man verallgemeinern: Der Selbstenladestrom pro *1 Ah* Kapazität ist bei Blei-Akkumulatoren

$$\frac{1,7\,mA}{20\,h} \approx 85\,\frac{\mu A}{Ah}$$

Der vom Solarmodul kommende Strom muss im Mittel diesen Wert deutlich überschreiten. Die Bedingung

$$I_p \quad >> \quad C \cdot 85\,\mu A/Ah$$

dabei sind
Ip = der im Mittel permanent vom Solarmodul gelieferte Strom (reiner Rechenwert)
C = Kapazität des Blei-Akkumulators in Ah

muss erfüllt sein. Das ist hier der Fall.
Sind Verbraucher angeschlossen, die permanent Strom ziehen, dann gilt sogar

$$I_p \quad >> \quad (C \cdot 85\,\mu A/Ah + I_V)$$

mit
I$_V$ = der von Verbrauchern ständig verlangte Strom

I_V könnte zum Beispiel der Stand-By-Stromfluss eines Funkgerätes sein.

Laderegler

Zwischen Solarmodul und Akkumulator muss ein Laderegler geschaltet werden. Gründe dafür sind

1.) die starke Schwankung der vom Solarmodul erzeugten Spannung (*0......36 V*)
2.) der maximal zulässige Ladestrom der Akkumulatoren darf nicht überschritten werden

Parallel geschaltete Blei-Akkumulatoren werden optimalerweise nach dem Ladeverlauf "*IU*" aufgeladen (siehe [3]). Zunächst wird also mit konstantem Strom aufgeladen. Ist ein bestimmer Spannungswert erreicht, wird mit konstanter Spannung weitergeladen (Bild 10). Dabei darf ein maximaler Ladestrom nicht überschritten werden. Auch die Ladeschlussspannung darf nicht überschritten werden. Das alles muss der Laderegler sicherstellen. Mehr noch: er muss Spannungen, die vom Solarmodul angeboten werden und die kleiner sind als die Akkumulatorspannung, nach dem Hochsetzstellerprinzip auf ein Niveau bringen mit dem man den Akku laden kann. Aber auch Spannungen die deutlich zu groß sind muss er auf ein für die Ladung verwertbaren Wert ändern. Der

Laderegler nimmt quasi eine Eingangsenergie entgegen und ändert die Werte für Strom und Spannung so, dass sie zum Laden des Akkumulators geeignet sind.

Beim verwendeten Laderegler handelt es sich um den Typ BlueSolar PWM Light der niederländischen Firma "victron energy". Dieser passt gut in Kombination mit dem Solarmodul und dem Akkumulator. Der Einsatz eines solchen Reglers ist bequem: man muss sich um die Details der Ladung nicht kümmern.
Wichtig ist, dass zunächst der Akkumulator am Laderegler angeschlossen wird. Der Regler erkennt dann die Systemspannung (*12 V* oder wie hier: *24 V*). Erst danach darf der Anschluss des Solarmoduls erfolgen.

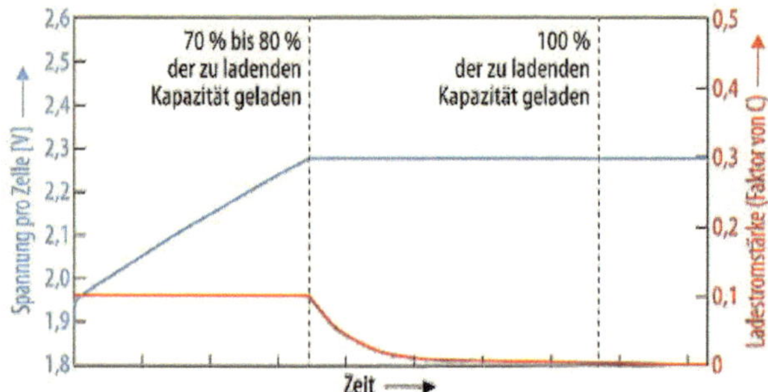

Bild 10: Spannungs- und Stromverlauf beim Laden von Blei-Akkumulatoren.

Eine einfache Ladeschaltung für Bleiakkumulatoren kann man auch selbst bauen. Für die I-Phase der Ladung (Bild 10 linkes Drittel) bietet sich eine Glühlampe (z.B. aus dem Automobilbereich) an. Zur Not – und bei Vorhandensein einer aktiven Überwachungsschaltung - kann auch der gesamte Ladevorgang mit Konstantstrom (also I-Ladeverfahren) erfolgen.
Der Widerstand einer Glühlampe steigt mit dem Stromfluss und wirkt somit dem Anstieg des Stromfluss entgegen [9]. Mit einer Kombination aus Glühlampe und in Reihe geschaltetem Widerstand kann man den maximalen Anfangsladestrom begrenzen.
Für die Ladungserhaltung könnte man einen Leistungswiderstand mit deutlich höherem Widerstandwert als die Glühlampe verwenden. Dieser muss so dimensioniert sein, dass er den oben erwähnten Selbstentladesstrom kompensiert. Auch hier gilt: im Mittel - da der vom Solarmodul kommende Strom stark schwankt.
Für die Umschaltung bietet sich die Verwendung eines Komparators an, oder moderner, ein Mikrocontrollers mit integriertem Analog-Digital-Wandler (ADU).
Dazu fällt mir die kleine Platine "Akkuüberwachung" aus [6] ein. Diese Platine wurde 2021 überarbeitet. Schaltbild und Aufbau sind im Bild 11 abgebildet.
Durch vorschalten eines Widerstandes an J2 kann man beliebige Spannungen messen. Ohne weiteren Vorwiderstand können Spannungen bis 6,012V gemessen werden. 6,012V entspricht Vollaussteuerung des ADU:

$$ADUwert = 10901\frac{1}{V} \cdot U_{J2}$$

U_{J2} ist die Spannung an J2 in Volt

Die Berechnung des Vorwiderstandes, der dann notwendig ist, wenn Spannungen gemessen werden sollen, die größer sind als *6,012 V* gelingt wie folgt:

$$R_V = U_{J2\,max} \cdot 1{,}666{,}7\,\frac{\Omega}{V} - 10020\,\Omega$$

mit U_{J2max} als die maximale zu messende Spannung und R_v in Ω

Es geht um das Wahrnehmen der Ladeschlussspannung von *28,8 V*. Eine sinnvolle Dimensionierung wäre dann, dass Vollaussteuerung des ADU erreicht ist bei *30 V*. Dazu gehört dann ein Vorwiderstand von *39381 Ω*. Also zum Beispiel *39 kΩ* in Reihe mit *390 Ω*. Beim Erreichen der Ladeschlussspannung liefert dann der ADU einen Integer-Wert von:

$$\frac{65535}{30\,V} \cdot 28{,}8\,V = 62914$$

Zum Wiedereinschalten des Ladevorgangs wird zum Beispiel eine Spannung von *2 V* unter der Ladeschlussspannung gewählt. Der zugehörige Integerwert vom ADU ist dann

$$\frac{65535}{30\,V} \cdot 26{,}8\,V = 58545$$

Die Anschlüsse K3, K4, K5, K7 und K8 sind für beliebige Steuerungsaufgaben gedacht. Mit Hilfe von Treibertransistoren sowie Relais mit Freilaufdioden lässt sich der Ladevorgang des Buffers dann steuern.

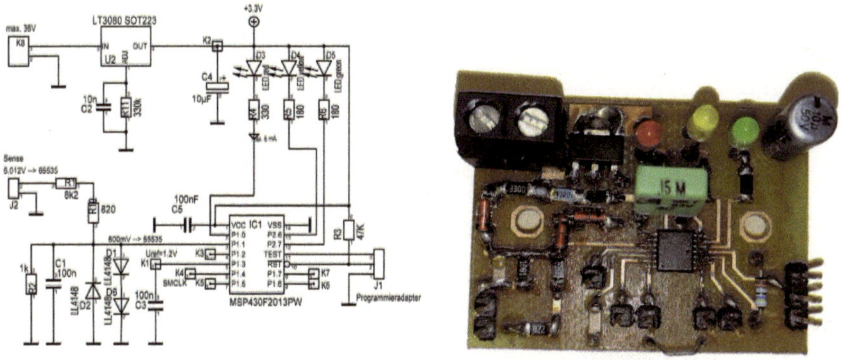

Bild 11: Neuere Version der Akkuüberwachung aus [6].

Die Programmierung des MSP430-Mikrocontrollers ist einfach und kostengünstig, wenn man ein LauchPad nutzt. Details dazu findet man auch in [6] oder in [7]. Nachfolgend ein Vorschlag für die Software. Die Schwellwerte sind in den Variablen green, yellow und red hinterlegt und lassen sich leicht für andere Anwendungen / andere Akkumulatorspannungen anpassen. Hier wird zur Demonstration nur der Schwellwert zur Ladeschlussspannung verwendet und nur das I-Ladeverfahren unterstellt. Sobald die Spannung am Akkumulator bei zwei Volt unter der Ladeschlussspannung angekommen ist, wird wieder geladen (sofern das Solarmodul Energie liefert).
Wichtig ist zu wissen, dass die Software etwas Zeit braucht bis die korrekten Spannungswerte erfasst sind. Das liegt an der Medianbildung [8]. Mit dieser erhält man stabile, sichere Werte - aber es dauert eben einige Sekunden, bis dass das Array nach dem Einschalten aufgefüllt ist.
Die drei LEDs signalisieren den aktuellen Zustand:
rot: die I-Ladung ist aktiv
gelb: die Ladeerhaltung ist eingeschaltet.

```c
/* Spannungsüberwachung für eine Single-Spannung hier für das Laden eines Blei-Akkumulators
Mikrocontroller: MSP430F2013. Stand:  22. Oktober 2021 / F.P.Zantis
*/
    #include <msp430f2013.h>
    volatile unsigned int counter;
    volatile unsigned int voltage = 0x00;
    const unsigned int green = 0;
    const unsigned int yellow = 62914;                  //Ladeschlussspannung 28,8 V erreicht
    const unsigned int red = 58545;                     //Akkuspannung ist 26,8 V
    unsigned int werteP11[11];                          //zur Berechnung des Median
    const unsigned int numofvalues =         11;        //Anzahl der ADU Daten für die Medianbildung
    unsigned int findmedian (unsigned int[], unsigned int);  //zur Verbesserung des ADU-Ergebnisses:
Medianbildung


  int main (void)
  {
        WDTCTL   = WDTPW | WDTHOLD;//Stop watchdog timer
        BCSCTL1 = CALBC1_1MHZ;     //SMCLK ist 1 MHz
        DCOCTL  = CALDCO_1MHZ;     //use internal DCO

        P1SEL =    0x00;
        P1DIR =    0x00;
        P1SEL |=  BIT3;            //Ausgabe der Referenzspannung
        SD16AE = 0;               //Ausgabe der Referenzspannung

        //LEDs
        P1DIR |=  BIT0;           //P1.0 output
        P1OUT &= ~BIT0;           //P1.0 High; LED red on
        P2SEL  = 0x00;            //P2 als GPIO verwenden
        P2DIR |=  BIT6;           //P2.6 output
        P2DIR |=  BIT7;           //P2.7 output
        P2OUT &= ~BIT6;           //P2.6 High; LED on
        P2OUT &= ~BIT7;           //P2.6 High; LED on

        P1DIR |=  BIT2;           //P1.2 output
        P1OUT &=  ~BIT2;          //P1.2 low
        P1DIR |=  BIT4;           //P1.4 output
        P1OUT &=  ~BIT4;          //P1.4 low

        __delay_cycles(100000);   //100 ms warten

         //Initialisierung AD_Wandler
        SD16CTL  |= SD16SSEL_1;   //Clock für den ADC is SMCLK
        SD16CTL  |= SD16XDIV_3;   //Dividiert durch 48
        SD16CTL  |= SD16DIV_3;    //Dividiert durch 8
        SD16CTL  |= SD16REFON;    //Interne Referenzspannung von 1,2 V wird benutzt
        SD16INCTL0 =  SD16INCH_4; //ADC A4 an P1.1
        SD16AE     = SD16AE1;     //P1.1  A+, A_   GND
        SD16CCTL0 |= SD16IE;      //Interupt des ADC aktivieren
        SD16CCTL0 |= SD16UNI;     //Zahlenbereich von 0 bis FFFF
        SD16CCTL0 &= ~SD16XOSR;   //Oversampling
        SD16CCTL0 |= SD16OSR_256; //abtastrate   1MHz/(48*8*256)
        SD16CCTL0 &= ~SD16SNGL;   //continous conversion
        SD16CCTL0 |= SD16SC;      //Start conversion

        _BIS_SR(GIE) ;            //alle Interrupts freigegeben

        while (1)
        {
                voltage = findmedian(werteP11, numofvalues);

                if  (voltage > yellow)    //Ladeschlussspannung erreicht
                {
                    P1OUT |= BIT0;        //LED red off
                    P2OUT &= ~BIT6;       //LED yellow on
                    P2OUT |= BIT7;        //LED green off
                    P1OUT &= ~BIT2;       //Konstantstromladung aus
                    P1OUT |= BIT4;        //Erhaltungsladung ein
                }
                else if (voltage < red)   //2V unter Ladeschlussspannung
                {
                    P1OUT &= ~BIT0;  //LED red on
                    P2OUT |= BIT6;   //LED yellow off
                    P2OUT |= BIT7;   //LED green off
                    P1OUT &= ~BIT4;  //Erhaltungsladung aus
                    P1OUT |= BIT2;   //Konstantstromladung ein
                }
        }
  }



#pragma vector = SD16_VECTOR
__interrupt void SD16ISR (void)
{
        werteP11[counter] = SD16MEM0;
        counter++;
        if (counter == numofvalues)       //die Werte stehen auf Platz 0 bis numofvalues-1
        {
           counter = 0;
```

```
unsigned int findmedian (unsigned int thearray[], unsigned int arraysize )
{
        unsigned int  ltmp;
        unsigned int  li;
        unsigned int  lj;

        for   (li = 0; li < arraysize;  ++li)        //hier beginnt de Sortieralgorithmus
        {
              for  (lj = 0; lj <arraysize - li - 1; ++lj)
            {
                   if  (thearray[lj] > thearray[lj + 1])
                   {
                        ltmp = thearray[lj];
                        thearray[lj] =  thearray[lj + 1];
                   }
              }
        }
        ltmp = arraysize >> 1; //arraysize geteilt durch 2 gibt den Platz des Median; z.B. 11/2=5 (Rest
0.5)
        return   thearray[ltmp]; //den Median ausgeben
}
```

Bild 12 zeigt beispielhaft meine erste Version des Ladereglers beim Probebetrieb. Diesen habe ich
noch selbst gebaut. Hier ist zur Messung der Spannung die erste Version der
"Spannungsüberwachungsplatine / Akkuüberwachungsplatine" eingesetzt. Die Konstantstromladung
erfolgt mit Hilfe einer KFZ-Glühlampe, die mit einem Lastwiderstand eine Reihenschaltung bildet.
Der Lastwiderstand ist so dimensioniert, dass der maximal erlaubte Ladestrom (abhängig vom
Akkumulator) nicht überschritten wird. Ein weiterer Lastwiderstand ist vorgesehen für die
Ladeerhaltung. Das Schaltbild zu meiner Ladeschaltung ist im Bild 13 zu sehen. U2 ist die Baugruppe
aus Bild 11.
Für die Auslegung der Reihenschaltung aus Glühlampe und Widerstand sind die Aufsätze [9] und [10]
sicher hilfreich.

*Bild 12: Selfmade-Laderegler mit der "Spannungsüberwachung" (rechts in grün; erste Version). Hier im
Probebetrieb mit einem 12-V-Akku.*

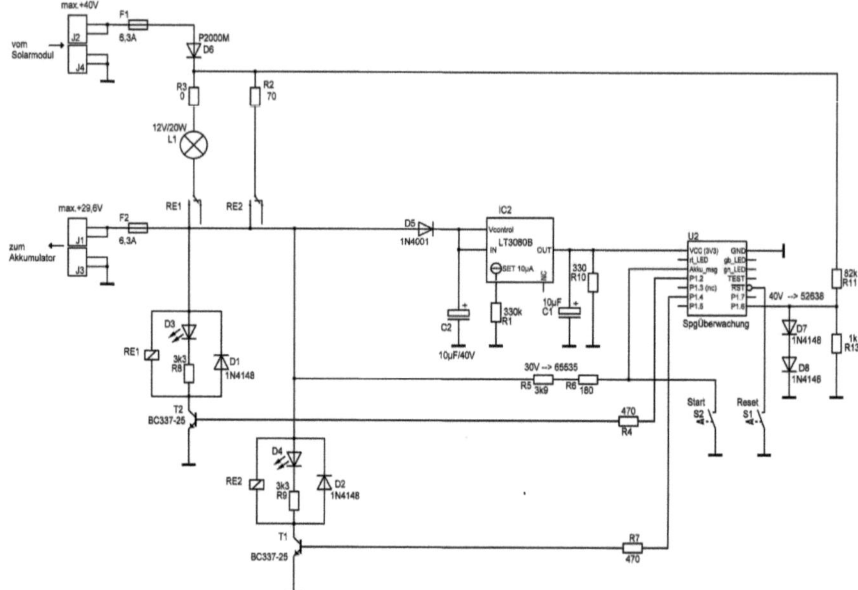

Bild 13: Vorschlag für eine Ladeschaltung für Bleiakkumulatoren mit Mikrocontrollerüberwachung und Ladestrombegrenzung durch Glühlampe.

Shack-Betrieb

Tatsächlich sind die Einsatzmöglichkeiten des beschriebenen Systems noch beschränkt. Der Akkumulator stellt eine Nennkapazität von *480 Wh* oder eben *20 Ah* bereit. Mit Rücksicht auf eine möglichst lange Nutzungszeit sollte man einen Bleiakkumulator nur zu *50 %* entladen. Damit stünden dann in der Praxis *240 Wh* zur Verfügung oder eben *10 Ah*. Ein Funkgerät, dass *24 W* Leistung aufnimmt kann damit immerhin 10 Stunden betrieben werden. Wir haben schon ausgerechnet, dass das Solarmodul den Akku im Mittel mit *4,625 Ah* pro Tag nachladen kann. Ist der Akkumulator zu *50 %* ausgereizt, dann benötigt es im Mittel

$$\frac{10\,Ah}{4,625 \cdot \dfrac{Ah}{d}} \approx 2,2\,d$$

2,2 Tage bis dass der Akkumulator wieder zu *100 %* aufgeladen ist. Bei trübem Novemberwetter benötigt es sicher mehr Zeit. Bei klarem Hochsommerwetter wird es deutlich schneller gehen.

Mit dem beschriebenen Solarmodul konnte ich am 31. Oktober bei schwach bewölktem Himmel am späten Vormittag einen Ladestrom von *450 mA* messen. Bei einem Wolkenaufriss mit Sonnenschein stieg der Ladestrom auf *1,6 A* an.

Die zur Verfügung gestellte Leistung kann ausreichen - es hängt einfach von der Aktivität des Nutzers ab.

In jedem Fall wichtig ist, dass bei der Nutzung der im Akkumulator gespeicherten Energie alle Abgänge gesichert sind. Bei einem Kurzschluss können sehr große Ströme fließen, die leicht einen Brand auslösen. In Frage kommen die bekannten Feinsicherungen/Schmelzsicherungen (*5x20 mm* im

Glasgehäuse). Bequemer ist der Einsatz von Automaten oder noch bequemer PPTC-Sicherungen (Bild 14). Die Automaten lösen aus und können nach Behebung des Kurzschlusses/der Überlastung wieder eingeschaltet werden. Die PPTC-Sicherungen lösen sehr träge aus - die Leitungen sind entsprechend großzügig auszulegen. Als Vorteil muss man nichts tun: das PPTC-Element wird hochohmig und unterbricht den Stromkreis. Wenn der Fehler behoben ist kühlt es ab und schließt den Stromkreis wieder selbstständig.

Die Sicherung muss immer möglichst nahe am Akkumulator platziert werden (Bild 14, rechts) - also vor der Leitung zum Shack. Das ist wichtig, denn im Endeffekt geht es darum, zu verhindern, dass die Leitung heiß wird und einen Brand auslöst.

 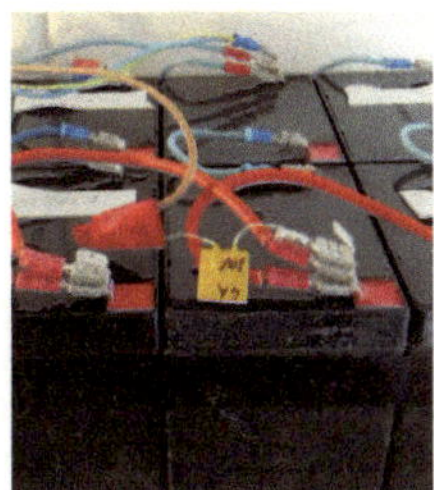

Bild 14: Miniatur-Automat 5 A (links) und PPTC-Sicherung an einem Abnahmedraht, 4 A (rechts).

System II

Auf meinem Grundstück(chen) habe ich kein Flachdach und auch keine freie Fläche auf dem Satteldach. Die einzige zur Verfügung stehende und nach Süden ausgerichtete Fläche ist der obere Teil der Hauswand zum Garten. An dieser Stelle konnte ich 10 Solarmodule mit einer Gesamtfläche von rund *5,724 m²* vorsehen. Das Haus ist verklinkert. Ein herkömmliches Standard-Solarmodul (z.B. *NeMo 2.0* von Heckert Solar aus Chemnitz) wiegt um die *18 kg* und liefert bis zu *300 W* Maximalleistung. Für die Befestigung an eine Klinkerwand sind diese zu schwer. Als Alternative habe ich Module gefunden, die man auf Wohnwagen oder Segelboote verwendet. Die ausgesuchten Module (Model N100JB der Firma SUNBEAMsystem aus Schweden) sind *1,06 m* lang und *0,54 m* breit. Sie wiegen nur *1,8 kg*. Im Datenblatt ist eine Spitzenleistung von *100 W* bei einer Nennspannung von *12 V* angegeben. Da die Module Dioden enthalten, konnte ich sie ohne weitere Maßnahmen in Reihe und parallel schalten. Insgesamt steht also laut Datenblatt eine (Peak-) Leistung von *1000 W* zur Verfügung.

Ich habe jeweils zwei in Reihe geschaltet und die entstandenen 5 Paare dann parallel.

Wie wir aber aus dem ersten Projekt bereits gelernt haben, ist nicht das Datenblatt des Solarmoduls entscheidend für die Energieausbeute. Entscheidend für die mögliche Energieausbeute ist vielmehr die zur Verfügung stehende Fläche und der Wirkungsgrad der Module. Leider ist im Datenblatt der Module N100JB nur der Wirkungsgrad von den im Modul verbauten Zellen angegeben. Dieser beträgt *22,5 %*. Die Angabe des Wirkungsgrads für das gesamte Modul (da sind dann auch die eingebauten Dioden berücksichtigt) fehlt. Ich nehme deshalb *20 %* an. Die Formel für die maximal mögliche Energie P_P, die im Winterhalbjahr in Nordrhein-Westfalen geerntet werden kann, kennen wir schon vom ersten Projekt:

$$E_R = E_W \cdot A_S \cdot \eta$$

$$E_R = 163\,\frac{kWh}{m^2} \cdot 5{,}724\,m^2 \cdot 0{,}2$$

$$E_R \approx 186,6 \, kWh$$

dabei ist
E_R ist die Energie, die im Winterhalbjahr mit den vorhandenen Modulen maximal geerntet werden kann
E_W ist die von der Sonne gelieferte bzw. angebotene Energie
A_S ist die Fläche der Solarmodule
η ist der Wirkungsgrad der Solarmodule

Man kann also annehmen, dass im Mittel permanent eine Leistung von

$$P_P = \frac{E_R}{t} = \frac{186,6 \, kWh}{4320 \, h}$$

$$P_P \approx 43,2 \, W$$

geliefert wird. Bei *24 V* Nennspannung wären das dann *1,8 A*, die rein rechnerisch rund um die Uhr zur Verfügung stehen. Die täglich nachladbare Kapazität unter Verwendung eines Pufferakkumulators mit *24 V* Nennspannung ist im Durchschnitt

$$C = \frac{E_T}{U} = \frac{43,2 \, W \cdot 24 \, h}{24 \, V}$$

$$C \approx 43,2 \, Ah$$

E_T ist die täglich zur Verfügung stehende Energie

Entsprechend dauert es 2,3 Tage um den vollständig entladenen Akkumulator wieder vollständig aufzuladen.

Für die Montage wurden drei Aluminiumprofile mit einer Kantenlänge von *20 mm x 20 mm* auf die Klinker montiert. An diesen wurden die zehn Module dann befestigt (Bilder 16 und 17). Für die Verschraubung sollte man dann auch Schrauben aus Aluminium verwenden. Tut man das nicht, wird sich die Verbindung Aluminiumprofil und z.B. Stahlschraube mit der Zeit zersetzen. Die beiden (unterschiedlichen) Metalle bilden bei Feuchtigkeit (Regen) ein chemisches Element (Batterie). Die elektrochemische Spannungsreihe gibt an, welches Normalpotenzial einzelne Metalle haben. In diesem Fall liegt Aluminium bei etwa *-1,6 V*, während Stahl in den meisten Fällen bei ungefähr *- 0,44 V* liegt, da er aus Eisen besteht, dem geringe Mengen Kohlenstoff beigemischt wird. Zwischen den beiden Metallen besteht also eine Potenzialdifferenz von $|\Delta U| = 1,16 \, V$. Das unedlere Metall - hier das Aluminium - wird oxidiert und zersetzt sich.
Ich habe die zehn Module in zwei 4er- und einer 2er-Gruppe aufgeteilt. Damit kommen zwar dann sechs statt zwei Leitungen im Shack an - dafür sind diese aber vergleichsweise dünn (*4 mm²*) und somit einfach zu handhaben. Die Leitungen habe ich dann auf Stromschienen geführt (Bild 19, oben), die es ebenfalls im Zubehörhandel für Segelboote oder Wohnmobile gibt. Der gesammelte Strom kann dann Werte bis *42 A* erreichen. Der höchste von mir gemessene Strom, der von den Solarzellen kam war knapp *30 A*. Das war während prallem Sonnenschein im Sommer.

Die Montage an der Hauswand ergibt nicht den für Winterbetrieb bestmöglichen Winkel für orthogonale Einstrahlung des Sonnenlichts. Schon gar nicht optimal ist der Winkel im Sommer. Aber in diesem Fall bin ich den Kompromiss eingegangen. Die Montage an der Wand in einem Winkel von *77°* war mir zu aufwändig. Als Konsequenz wird die Energieausbeute nie ganz den berechneten Wert erreichen. Das "platte" Aufhängen direkt an die Wand bietet einem Wind wenig Angriffsfläche. Eine Berechnung der Windfestigkeit ist überflüssig.
Natürlich wäre es möglich, die Module im Winkel von 77° zu montieren. Zum Beispiel so wie im Bild 15 skizziert. Auch hier helfen die Winkelfunktionen zur Berechnung des Abstandes AK zur Wand. Benötigt wird lediglich die Länge des zu montierenden Moduls. Hier also *1060 mm*.

$$\cos(\alpha) = \frac{AK}{H}$$

$$AK = 1060\,mm \cdot \cos\left(77°\right)$$

$$AK \approx 375\,mm$$

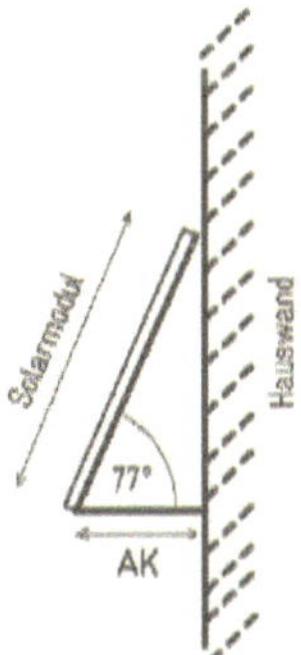

Bild 15: Möglichkeit der Montage im Winkel von 77° auch an einer Wand.

Bild 16: Montage der Solarmodule auf drei Aluminiumprofilen.

Bild 17: Zehn hochflexible, leichte Solarmodule an der Südseite meines Hauses.

Für die Zwischenspeicherung habe ich hier einen LiFePO$_4$-Akkumulator von der Firma JuBaTec aus Heek vorgesehen. Dieser hat eine Kapazität von *100 Ah* bzw. *2400 Wh* und wiegt *20,5 kg*. Ein Blei-Akkumulator in dieser Größenordnung war mir einfach zu schwer. Er würde ca. *80 kg* wiegen und wäre für mich alleine also nicht zu transportieren. Dabei ist noch zu bedenken, dass ein Blei-Akkumulator die doppelte Kapazität haben müsste - also *200 Ah*-Stunden um dann *100 Ah* nutzen zu können. Somit kommen wir schnell mal auf ein Gewicht von sogar *160 kg* oder *2 · 80 kg*.

Der LiFePO$_4$-Akku hat natürlich auch seine Nachteile: weil seine Anwendung so kritisch ist, kommt nur ein Akku mit integriertem BMS (Battery Management System) in Frage. Das BMS überwacht permanent den Zustand jeder Zelle im Akkumulator. Der Ladestrom landet also gar nicht direkt in den Akku - er wird vom BMS verwaltet. Dieses kann dann auch mal hochohmig schalten - wenn der Akkumulator voll ist. Damit muss der Laderegler fertig werden.
Auch kann das BMS unerwarteterweise die Entnahme unterbrechen. Dann nämlich, wenn es meint, dass der Akkumulator leer ist. Das muss man bei der Nutzung der gespeicherten Energie berücksichtigen. Beachtet man das nicht, fällt möglicherweise urplötzlich der Strom aus. Fatal dabei ist, dass LiFePO$_4$-Akkumulatoren eine sehr flache Entladekurve haben (Bild 18). Anhand einer Spannungsmessung ist es schwer eine Vorhersage der noch zur Verfügung stehenden Kapazität zu machen. Es ist also unabdingbar einen gebührenden Abstand zur Abschaltschwelle zu halten. Das hat unweigerlich zur Folge, dass die angegebene Kapazität nicht vollständig nutzbar ist.
Ein LiFePO$_4$ - Akkumulator mit einer Nennspannung von *24 V* besteht aus 8 Zellen. Jede Zelle hat eine Nennspannung von *3,3 V*. Somit ist die tatsächliche Spannung, die am Akkumulator gemessen werden kann *26,4 V*. Im Leerlauf kann diese bis auf *28,8 V* ansteigen. Wenn die Spannung unter *24 V* abfällt (also unter *3 V* pro Zelle) geht es unter Umständen ganz schnell bis zur Abschaltung durch das BMS.

Zwei Abschaltungen durch das BMS habe ich erleben müssen. Beide in der Nacht. Am nächsten Morgen war dann die Überraschung groß, als in unserer Wohngemeinschaft bekannt wurde, dass das WLAN nicht mehr funktionierte. Nach der BMS-Abschaltung erkennt der Regler den Akkumulator nicht mehr. Für ihn ist es so, als wäre gar kein Akkumulator angeschlossen. Das macht die Angelegenheit so delikat. Man muss dann den Regler von den Solarzellen und auch vom Akkumulator trennen. Dann trennt man alle Verbraucher vom Akkumulator. Das BMS schaltet dann die Anschlüsse des Akkumulators wieder frei. Wenn man Glück hat steht dann an den Klemmen des Akkumulators eine Spannung an, die so groß ist, dass der Regler einen 24-V-Akkumulator erkennen kann. Beim ersten Abschalten des BMS war dies der Fall. Dann kann man den Akkumulator wieder an den Regler anklemmen und bei erfolgreichem Erkennen eines 24-V-Akkumulator auch wieder das Solarmodul. Hat sich der Akkumulator wieder aufgeladen können auch wieder die Verbraucher angeklemmt werden.
Beim zweiten Abschalten war der Akkumulator so stark entladen, dass auch bei abgeklemmten Verbrauchern die Spannung nicht über ca. *15 V* anstieg. Da der Regler dann einen 24-V-Akkumulator nicht erkennen kann muss dieser zunächst durch ein externes Ladegerät geladen werden. Da ich keines hatte, habe ich den Akkumulator einfach direkt an das Solarmodul angeschlossen. Minuspol des Solarmoduls an den Minuspol des Akkumulators. Pluspol des Solarmoduls an den Pluspol des Akkumulators. Diesen Zustand habe ich 24 Stunden so belassen. Die Idee war, dass das BMS die vom Solarmodul ankommende Energie annehmen müsste, wenn gilt

$$U_{Solarmodul} > U_{Akku} < U_{Schluss}$$

mit
$U_{Solarmodul}$: die vom Solarmodul angebotene Spannung
U_{Akku}:   die aktuelle Spannung am Akkumulator
$U_{Schluss}$:   die Ladeschlussspannung des Akkumulators

Diese Bedingung wird aber sicher im Laufe eines Tages eintreten. Wie lange diese Bedingung eingehalten wird hängt in erster Linie vom Wetter ab. Und tatsächlich: am Abend war die Akkumulatorspannung wieder so groß, dass der Laderegler einen 24-V-Akkumulator erkennen konnte. Das Experiment hat nebenbei gezeigt, dass es durchaus möglich ist, ein Solarmodul direkt an den Akkumulator anzuschließen. Voraussetzung sind im Solarmodul integrierte Dioden. Außerdem darf der vom Solarmodul lieferbare Maximalstrom den maximal erlaubten Ladestrom nicht überschreiten.

Bei dieser Vorgehensweise wird allerdings ein großer Teil der vom Solarmodul gelieferten Energie vom BMS abgelehnt. Nur der Regler ist in der Lage die ankommende Energie unabhängig von der aktuellen Solarspannung anzunehmen und so umzuformen, dass damit der Akkumulator geladen werden kann.

In meinem Shack habe ich mittlerweile eine permanente Anzeige der Akkumulatorspannung. Diese geht über separate Leitungen an die Akkumulatorklemmen (Sense-Leitungen). Gelangt die Spannung in die Nähe von *24 V* – also *3 V* pro Zelle - schalte ich bis auf das WLAN alle Verbraucher kontrolliert ab.

Die Selbstentladung ist bei LiFePO$_4$-Akkumulatoren mit bis zu *5 %* pro Monat (*720* Stunden) angegeben. Bei einem Akkumulator mit einer Kapazität von *100 Ah* wären das also *5 Ah* oder ein permanenter Selbstentladestrom von

$$I = \frac{5\,Ah}{720\,h} \approx 7\,mA$$

Auch hier kann man natürlich verallgemeinern und kommt dann auf einen Selbstentladestrom von *69,4 µA/Ah*.

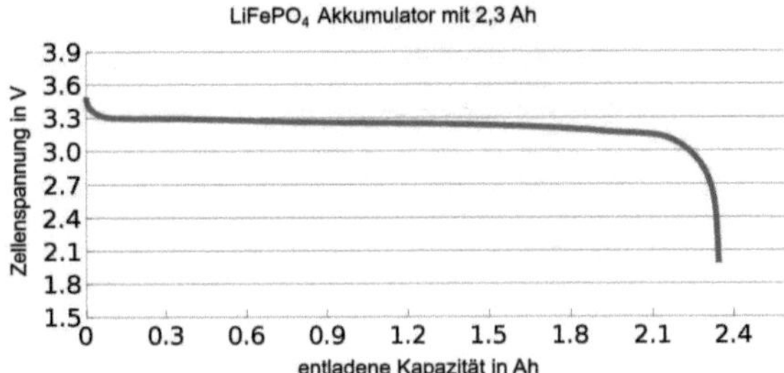

Bild 18: Entladeverhalten eines LiFePO$_4$-Akkumulators.

Bei dem letztendlich eingesetzten Regler handelt es sich um den Typ "MPPT plus 30A" der Firma "Innovative Versorgungstechnik - ivt" aus Hirschau (Bild 20). Dieser Typ kann auch mit dem BMS der Batterie gut umgehen - abgesehen von der Komplettabschaltung. Der Regler wirkt wertig und solide. Er ist in einem stabilen Metallgehäuse untergebracht. Die Klemmen sind robust und mit Kreuzschrauben ausgestattet.

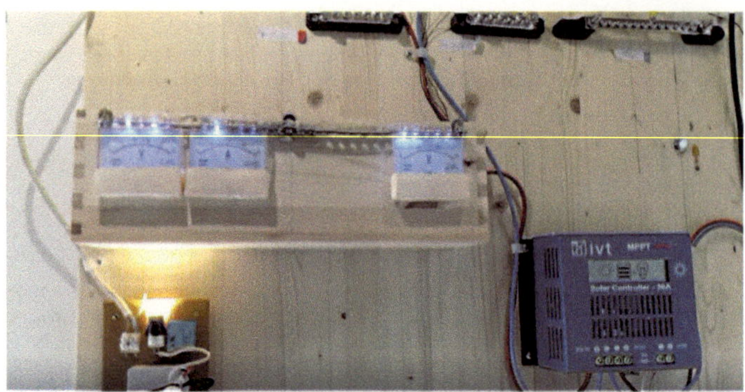

Bild 19: Ein 25-mm-dickes Kiefernbrett bildet die Schalttafel. Oben die Sammelschienen. Darunter ein Laderegler. Außerdem eine Anzeige für Spannung und Strom der Solarmodule (links) sowie für die Spannung des Akkumulators (rechts). Darunter ein Bewegungsmelder (links), der die Raumbeleuchtung (bestehend aus 24-V-LED-Lampen) in der Garage schaltet.

Bild 20: Der verwendete Regler, der die Energie der zehn Module aus Bild 15 entgegennimmt und an den Akkumulator weiterleitet.

Mit dem so entstandenen Energieversorgungssystem wird in meinem Shack rund um die Uhr das Funkgerät versorgt, das WLAN, ein Ladegerät für NiMH-Akkumulatoren sowie ein Notebook. Außerdem die Beleuchtung, die aus zwei in Reihe geschalteten 12-V-Halogenlampen besteht (die eine hervorragende Lichtqualität abliefern und die dann so nebenbei auch den Shack ein wenig heizen). Geplant ist zusätzlich die Versorgung eines Labornetzteils *24 V* nach *2x 0...15 V* und des Lötkolbens. Für die Gleichspannungswandlung habe ich im LKW-Zubehör passende Geräte gefunden. Ein Selbstbau macht natürlich Spaß, ist aus der Sicht der Kosten aber nicht notwendig. Funkgerät und WLAN werden mit Hilfe eines DC/DC-Wandlers *24 V* nach *12 V* versorgt. Für das Notebook habe ich einen speziellen Wandler *24 V* nach *19 V* gefunden. Im Sommer nutze ich die Solarmodule auch zum Rasenmähen und zum Sägen von Brennholz. Dazu habe ich einen Wechselrichter (ivt Typ DSW-2000) angeschafft. Bei prallem Sonnenschein können die Module den Rasenmäher direkt versorgen. Der Akkumulator muss nach dem Anlaufen keinen Strom hinzufügen. Während Tage mit viel Sonnenschein versorge ich auch meinen Computer mit Solarenergie. Die Spannungsanzeige des Akkumulators habe ich aber im Blick.

Für den Support einer solchen Anlage ist es sinnvoll ein Zangenamperemeter anzuschaffen. Dieses muss für die Messung von Gleichströmen geeignet sein (Bild 21). Auch der Messbereich sollte ausreichend sein - schnell müssen auch mal Ströme in der Nähe von *100 A* gemessen werden. Vor allem die Verbindung zwischen Akkumulator und Wechselrichter ist kritisch. Diese Verbindung besteht bei mir aus Einzeladern mit einem Querschnitt von *25 mm²* und einer Länge von *50 cm*.

Versuchsweise habe ich mal einen Wasserkocher an den Wechselrichter angeschlossen. Der aufgenommene Strom, der vom Akkumulator geliefert wurde, war dann *81 A*. Für den eingesetzten Akkumulator ist es kein Problem diesen Strom zu liefern, sofern er noch ausreichend Kapazität hat. Aber auch die Standby-Ströme, deren Summe deutlich kleiner sein muss als der errechnete, permanent vom Solarmodul gelieferte Strom (hier *1,8 A* - siehe weiter oben) lässt sich mit einem Zangenamperemeter bequem prüfen.

Bei Zangenamperemeter für Gleichstrommessungen ist vor der Messung ein Nullsetzen der Anzeige erforderlich. Das gilt besonders für kleine Ströme. In der Bedienunganleitung wird dies sicher nachzulesen sein.

Bild 21: Zangenamperemeter der Firma Gossen Metrawatt aus Nürnberg.

Bibliographie

[1]   https://www.hausjournal.net/gehwegplatten-gewicht
Zugriff am 1. August 2021

[2]   Zantis, F.P.   "Stromversorgung ohne Stress, Band 3: Energy Harvesting"
Elektor Verlag Aachen, 2021, ISBN 978-3-89576-454-7

[3]   Machon, (Hrsg.).   "Tabellenbuch Elektrotechnik/Elektronik"
Bildungsverlag E1NS Köln, 2020, ISBN 978-3427530305

[4]   https://de.wikipedia.org/wiki/Winddruck
Zugriff am 1. August 2021

[5]   Zantis, F.P.   "Stromversorgung ohne Stress, Band 1: Grundlagen"
Elektor Verlag Aachen, ISBN 978-3-89576-248-2

[6]   Zantis, F.P.   "Stromversorgung ohne Stress, Band 2: Anwendungen, Applikationen und Bauanleitungen"
Elektor Verlag Aachen, 2018, ISBN 978-3-89576-331-1

[7]   Zantis, F.P.   "Mikrocontroller für Maker"
GRIN-Verlag, 2019, ISBN 9783346003362

[8]   Zantis, F.P.   "14 Bit? - Nutzbare Auflösung von A/D-Umsetzern in der Praxis"
Zeitschrift "Funkamateur" 2021, Heft 3, Seite 196-198, ISSN 0016-2833

[9]   Zantis, F.P.   "Die quadratische Funktion"
Zeitschrift "elrad" 1989, Heft 9, Seite 70-72, ISSN 0170-1827

[10]   Zantis, F.P.   "Gerade und Parabel in der Praxis"
Zeitschrift "elrad" 1989, Heft 10, Seite 69-70, ISSN 0170-1827